Fabriquer soi-même son annexe-catamaran

Dinghy en contreplaqué, résine et fibre

Domi Montésinos

Table des matières

S'aventurer sur l'eau, qu'elle soit salée ou douce, fait partie des grands fantasmes humains.

Cette idée, je dirais même, ce concept, fait rêver dès l'enfance.

Sitôt qu'on a la chance d'admirer le spectacle fascinant d'une étendue liquide de taille suffisante pour nous engloutir, l'esprit se met en ébullition dans l'espoir de rapidement trouver le moyen d'y évoluer.

Pour un humain, la capacité de se mouvoir à la surface de l'onde claire suscite une légitime admiration et constitue une immense source de satisfaction, ce qui me parait bien naturel.

Lorsque l'on franchit le pas de se mêler de vouloir flotter, une notion essentielle s'impose sans tarder au téméraire : c'est celle de la stabilité.

Explication :

Vous décidez d'offrir à la personne de votre cœur une croisière à bord du paquebot dernier cri, récemment sorti des Chantiers de Saint-Nazaire et n'appartenant pas à une compagnie italienne réputée pour la hardiesse de certains de ses capitaines lors des navigations côtières[1].

Lorsqu'arrive le moment si palpitant de l'embarquement, l'être aimée franchit la passerelle de coupée d'un pas alerte et décidé. Celui-là même qui vous a toujours hypnotisé et rendu fou de désir pour ces formes harmonieuses semblant se moquer de la pesanteur.

Puis, au cours de la croisière, voici que se présente une opportunité rare de jouer les Indiana Jones de vacances en partant en exploration, en pirogue, à la découverte de la canopée voisine.

---

[1] Toute ressemblance avec… etc. purement fortuite…

L'exotique «rivière indienne» pénètre sauvagement au sein de la savane, à l'ombre des palétuviers roses. La chevelure ébouriffée se mêlera aux lianes lascives effleurées par les ailes bigarrées de quelque mainate endémique...
L'affaire se présente aventureuse en diable...
Hélas, voici qu'au moment de prendre place à bord de l'étroite pirogue, le pied délicatement potelé de Madame chérie, prenant appui sur le liston de l'embarcation, met à l'épreuve la stabilité moindre de l'étroit canote...
Plus la dame pèse sur son escarpin, plus la pirogue se dérobe et plus la confiance de la propriétaire du peton s'amenuise. L'incident fatal n'est plus éloigné que par un mince voile, fragile comme un hymen, lorsque jaillit de la gorge aimée cette déclaration cinglante et sans appel : «Non. Je ne monterai pas dans cette saloperie de barcasse !»
Eh, bien, nous y sommes.
La stabilité, c'est à ça que ça sert : à ce que la dame ne dise pas tout d'un coup qu'elle n'est plus d'accord.
Je ne vais pas développer plus avant au risque de lasser même mes lectrices les plus honnêtes...
Aussi filé-je directement à la conclusion :
Quand on se mêle de vouloir aller sur l'eau, la stabilité de l'embarcation que l'on adopte est tout simplement ESSENTIELLE, pour le confort et pour la sécurité.
Et donc, c'est exactement pour cette raison que je vous propose de construire, dans votre garage, dans votre grenier, dans votre cave, dans votre salle à manger, dans votre chambre à découcher, dans votre bureau, dans votre étable, hangar, sous-pente ou sous l'Arc de Triomphe (ça ne me regarde pas, en plus de m'être totalement équilatéral...), bref, où vous voulez, une embarcation à deux coques communément appelée, catamaran, même lorsqu'il n'y a rien de risible.

Cette embarcation à deux flotteurs se veut pratique d'utilisation, festive et facile à construire.

Aucune prétention de performance, aucun excès d'aucune sorte : le triomphe du bon sens marin.

Nous avons privilégié une grande stabilité initiale propre à rassurer les utilisateurs peu amarinés.

Les échantillonnages raisonnables garantissent une solidité de bon aloi, en évitant de sombrer dans de funestes excès toujours préjudiciables au devis de poids : en clair, ni trop lourd ni trop fragile, juste bien !

Les choix ont été faits pour favoriser le confort d'utilisation, ainsi qu'une large polyvalence de propulsion.

Ainsi, cette « TCS » pourra être mue par un moteur, thermique ou électrique de puissance très modérée (à partir de 1,5 CV ou 1 KW, ça marche à 5 nœuds).

On pourra également l'équiper d'un mât et d'une voile, ou encore d'une solide paire d'avirons avec leurs dames de nage.

Et, enfin, le godilleur breton saura sans peine gréer la pelle qui ira bien pour régaler les badauds du spectacle toujours poétique de ce mode de nage élégant.

Les matériaux

Le contreplaqué, la résine époxy et la fibre de verre sont les matériaux qui ont été adoptés pour fabriquer ce bateau.

Rappelons, pour mémoire, que ce type de construction était utilisé il y a quelques années seulement pour concevoir les meilleurs voiliers de course au large du moment.

Il a été délaissé, dans les bateaux de série, au profit du moulage à base de résine polyester, à cause de son coût de production prohibitif lié à l'importante main d'œuvre qualifiée nécessaire pour sa mise en œuvre.

Quant aux unités performantes, les sandwichs moulés sous vide et intégrant des fibres à haut module et des âmes ultralégères ont depuis plusieurs décennies détrôné le bois.
Cependant, celui-ci reste un matériau excellent pour fabriquer des engins flottants, principalement lorsqu'il est efficacement protégé par un revêtement résine/fibre approprié.

L'EMBARCATION QUE JE VOUS PROPOSE DE CONSTRUIRE ICI S'APPELLE

TCS25

Caractéristiques :
Longueur : 2 m50
Largeur : 1m25
Poids : 34 Kgs
Nombre de passagers maximum conseillé : 4
Moteur conseillé : 1 à 6 cv

Matériaux nécessaires :

2 plaques de contreplaqué tout okoumé épaisseur 4 mm (qui peuvent être remplacées par du 5 mm)
1 plaque de contreplaqué épaisseur 7 mm (qui peut être remplacée par du 8mm, ou du 9 mm ou même 10 mm).
4 kilos (environ) de résine époxy (mix)
18 m2 de tissus de verre (taffetas ou satin ou sergé) d'environ 80 gr/m2

Avant de commencer...

Si vous n'avez jamais manipulé de résine époxy, je vous conseille fortement de vous informer sur les caractéristiques d'utilisation de ces produits.
Vous trouverez de nombreux blogs et sites sur internet ainsi que quelques ouvrages « papier » qui traitent parfaitement le sujet.
Tapez simplement « Comment allier bois et époxy » dans votre moteur de recherche. Ou voir, en fin de cet ouvrage, le chapitre consacré aux conseils sur la fabrication en bois/époxy

Une excellente précaution peu onéreuse consiste à fabriquer, au préalable, une maquette en carton (ou autre matériau) à l'échelle 1/10ᵉ... Pour « se faire la main » comme qui dirait.

La TCS2.5, se compose de 18 pièces de contreplaqué assemblées entre elles par une colle à base de résine époxy et de fibre de coton :
- ➢ Deux bordés extérieurs en contreplaqué de 4 ou 5 mm
- ➢ Une plateforme centrale en contreplaqué de 7 à 10 mm
- ➢ Deux bordés intérieurs en contreplaqué de 4 ou 5 mm
- ➢ Deux fonds de coques en contreplaqué de 7 à10 mm
- ➢ Deux tableaux arrière en contreplaqué de 4 ou 5 mm
- ➢ Un bouclier avant en contreplaqué de 7 ou 10 mm
- ➢ 2 éléments de tableau moteur en contreplaqué de 7 à10 mm
- ➢ Deux listons extérieurs en contreplaqué de 4 ou 5 mm
- ➢ Deux listons intérieurs en contreplaqué de 4 ou 5 mm
- ➢ Deux plats d'étraves en contreplaqué de 7 à 10 mm

C'est parti !

La première tâche consistera à tracer ces pièces sur les panneaux de contreplaqué, puis à les découper.

Le « plan de calepinage » proposé dans cet ouvrage a été conçu pour utiliser au maximum les cotés des plaques qui sont parfaitement rectilignes, dans le but de minimiser les chutes et les temps de découpe.

Les découpes sont réalisables avec des outils manuels ou électriques. L'usage d'une scie circulaire et d'une règle sont parfaitement appropriés. Une scie sauteuse sera, par contre, préférable pour les courbes. Pour les puristes, scie égoïne et scie à guichet conviennent merveilleusement…

On notera que la coupe des courbes des fonds de coques génère automatiquement la coupe des cotés du bouclier avant.

Je préconise de procéder aux de travaux de stratification des intérieurs de bordé et de fond de coque avant d'entreprendre l'assemblage.

En effet, ces pièces seront bien plus faciles à travailler à plat, posées sur deux tréteaux ou sur une table (si on a la chance d'en disposer).

Une précaution efficace et peu onéreuse consiste à approvisionner, dès le début de la construction, une de ces plaques de contreplaqué aux faces brunes qui sont utilisées dans le bâtiment pour faire des coffrages. Elles sont solides, pas chères et resteront neuves à condition de les avoir bien cirées au préalable.

Ensuite, elles partiront rapidement après la mise à l'eau du canote avec une simple annonce sur le bon coin.

Informations concernant l'échantillonnage

Tous les éléments constitutifs de votre future merveilleuse TCS sont dimensionnés de manière à ne pas nécessiter impérativement de renforcement à la fibre de verre.

Ainsi, pour ceux qui sont allergiques à ces travaux, il est tout à-fait possible de se contenter d'une bonne peinture en fin de réalisation.

Par contre, je recommande d'avoir recours à la résine époxy pour réaliser les nombreux joints/congés et collages, ainsi qu'une application générale de résine d'imprégnation **partout** !

Toutefois, je précise que le fait de revêtir entièrement le navire d'un tissu de verre fin (50 à 100 gr/m2), imprégné de résine époxy, garantira au bateau une longévité incomparablement supérieure, ainsi, bien entendu, qu'un surcroit de solidité grandement appréciable.

De même, il est tout à fait envisageable de remplacer les joints-congés par des tasseaux rabotés aux angles correspondants.

Liste des stratifications à réaliser avant assemblage

Les deux bordés extérieurs, les deux bordés intérieurs et les fonds de coque seront chacun stratifiés sur leurs faces intérieures.

Attention aux symétries ! Il est vite fait de se retrouver, au moment de l'assemblage, avec la stratification du mauvais côté… Ce n'est pas grave. Mais, dans ce cas, il faudra stratifier la face intérieure avant d'assembler, car il serait délicat et fastidieux de le faire après.

Les deux tableaux arrière et le bouclier avant seront stratifiés sur leurs faces intérieures également.

À présent que nous sommes en possession d'une jolie collection de bouts de bois, plus ou moins souillés de résine, le délicieux et tant attendu moment de l'assemblage de tout ce fourbi va pouvoir s'envisager sereinement.

CONSTRUCTION

Assemblage :

Le principe consiste à solidariser toutes les pièces entre elles à l'aide d'éléments « provisoires ».

Cette technique, dite « contreplaqué cousu-collé » se pratiquait couramment en perçant des petites trous tout le long des « jointures » et en y passant une ficelle fine ou des colliers plastiques. Depuis que l'on trouve des clouteuses pour quelques dizaines d'euros dans les grandes surfaces de bricolage, je préconiserais plus volontiers cette solution.

J'ai également expérimenté une solution très économique et élégante qui consistait à percer de part en part la pièce en 4 mm (par exemple le bordé intérieur) et la pièce en 7 mm attenante (par exemple la plateforme) et à y introduire un cure-dent en bambou de 2mm de diamètre partiellement imprégné de « cyanolite ». En maintenant cet assemblage quelques secondes, la colle fixe le cure-dent en place et réalise ainsi une liaison qui permet la manipulation, avec un peu de flexibilité, juste comme il faut !

En répétant cette opération tous les dix centimètres, tout le long des zones de jonction, la barque est assemblée en quelques heures, à l'exception des listons extérieurs qu'il vaut mieux garder pour la fin (après stratification).

Conseil : il peut être judicieux de se confectionner deux (ou même quatre) « écarteurs » provisoires pour maintenir les angles entre fonds de coques et bordés. Taillés dans les chutes de contreplaqué et fixés avec des points de colle fusible, ils seront éliminés dès que les joints congés seront polymérisés.

Pose des joints-congés

Se munir d'une spatule à congés de rayon 15mm. On n'en trouve pas toujours aisément dans le commerce. Cependant, il est simple d'en confectionner une à partir d'une spatule droite dont ou façonnera l'extrémité à l'aide d'un lapidaire ou d'une meule.

Poser la barque sur ses fonds ce coques en ayant soin de positionner les deux coques bien parallèles en longitudinal et en transversal.

Une façon de procéder efficace et peu onéreuse, pour disposer la « pâte à congés » dans les angles avant de la lisser à la spatule, consiste à se munir de poches de pâtissier jetables.

Attention à ne préparer que de faibles quantités (200 à 400 grammes), car cette opération est délicate et demande de la patience. Si la résine part en emballement thermique pendant que l'on étale les joints-congés, ça génère un gaspillage de matière et une mauvaise humeur peu propice à un résultat réjouissant…

Lorsqu'on aura réalisé tous les joints-congés intérieurs, attendre leur polymérisation avant de retourner la barque.

Procéder alors au façonnage des joints-congés qui joignent les coques à la plateforme

Stratifications extérieures

Barque retournée, on sera bien inspiré de commencer les opérations de stratification par le fond de nacelle et le bouclier. On fera déborder le tissu de 5 centimètres sur les bordés intérieurs, de chaque côté.

On stratifiera ensuite chacun des bordés intérieurs en débordant de 5 cm sur le fond de nacelle et d'autant sur les fonds de coques

Puis on procèdera de même pour les bordés extérieurs, en débordant sur les fonds de coques

Et on terminera par la stratification des fonds de coques, sans dépasser sur les bordés afin de ne pas créer de surépaisseur visible lorsque la barque sera à l'endroit.

Stratification de la plateforme :
Le tissu recouvrant la plateforme débordera de 5 cm sur les bordés intérieurs. Il reviendra également sur toute la hauteur du tableau moteur.

Listons et tableaux arrières

Le bordé n'ayant que 5 mm d'épaisseur, il est judicieux d'en augmenter l'épaisseur en y ajoutant les 4 bandes destinées à constituer un liston.

Ces renforts de listons seront collés en dernier, une fois toutes les stratifications terminées

Arrondir ensuite leurs angles supérieurs et disposer un tissu de verre de protection à cheval sur l'ensemble.

Puis terminer les chants inférieurs par un joint-congé entre renforts et bordés

Les tableaux arrière recevront à leur tour leur couche de tissu de verre imprégnée de résine.

Finition

À ce stade, la TCS est terminée structurellement.

On ne peut cependant pas encore l'utiliser, car, elle fourmille de petits défauts qui sont autant d'écueils propres à blesser ses passagers.

Il est donc indispensable d'éliminer soigneusement tous les sournois pièges agressifs par un ponçage plus ou moins appuyé.

Ensuite, il faudra se souvenir que la résine époxy est sensible aux rayons ultra-violets. Aussi, il est impératif de l'en protéger.

Ceci peut être obtenu par un vernis polyuréthane bi composant si on a travaillé comme un artiste et qu'on désire conserver l'aspect « bois »…

On peut aussi être un adepte de la finition « carrosserie ». Dans ce cas, il restera encore plusieurs dizaines d'heures de travail : application d'enduits, ponçage et peinture.

Et puis, on peut également être impatient d'utiliser son canote sans attendre et le protéger par une simple couche de peinture qui laissera visible les recouvrements de tissus.

C'est chacun son goût…

Motorisation

Vaste débat !

Cette embarcation étant pourvue de coques relativement fines, associées à un poids très modéré, elle aura un potentiel de vitesse supérieur à bien des unités monocoques de taille équivalente.

Nous n'avons pas mis ces caractéristiques à profit pour aller vite, mais, au contraire, pour rester sur des vitesses modérées. Nous nous sommes attachés à mettre en œuvre des puissances modestes générant des consommations faméliques…
Ainsi, avec un moteur électrique de 1000 watts, une TCS avance à 9 kilomètres/heure. Sa batterie de 900 watts lui donnant une autonomie de plus de 30 kilomètres à 6 kilomètres/heure.
Pour les adeptes de la vitesse, je dirais simplement que cette embarcation, équipée d'un moteur de 6 cv qui peut donc être pilotée sans permis, avance déjà à 12 nds (environ 20 km/h)

Voile

On peut aisément équiper une TCS d'une voile d'Optimist, d'un gréement de planche à voile, ou de toutes autres solutions, au gré des inspirations de chacun.

Les Illustrations

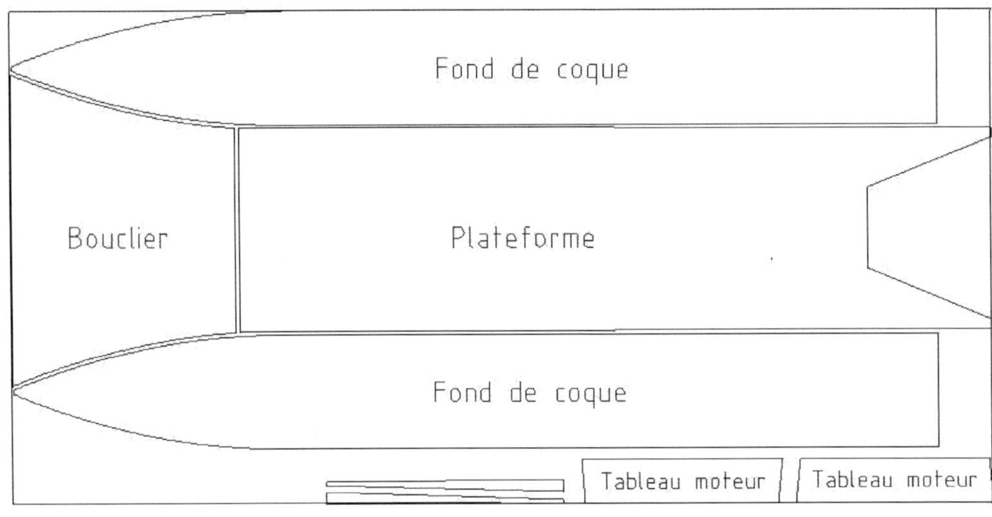

Contreplaqué ép 7 mm

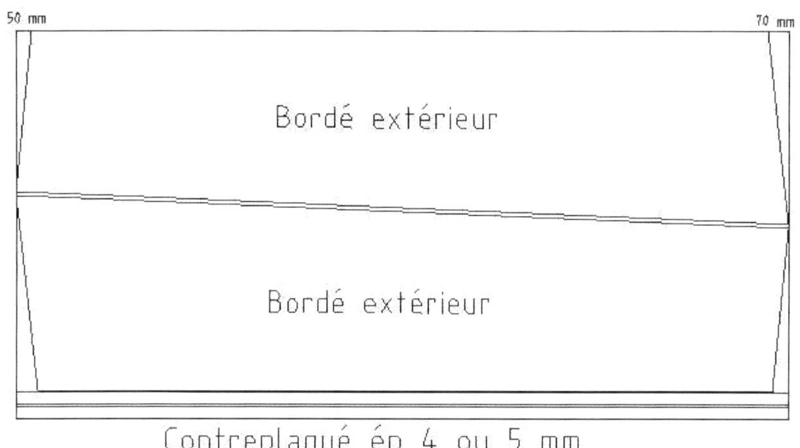

Contreplaqué ép 4 ou 5 mm

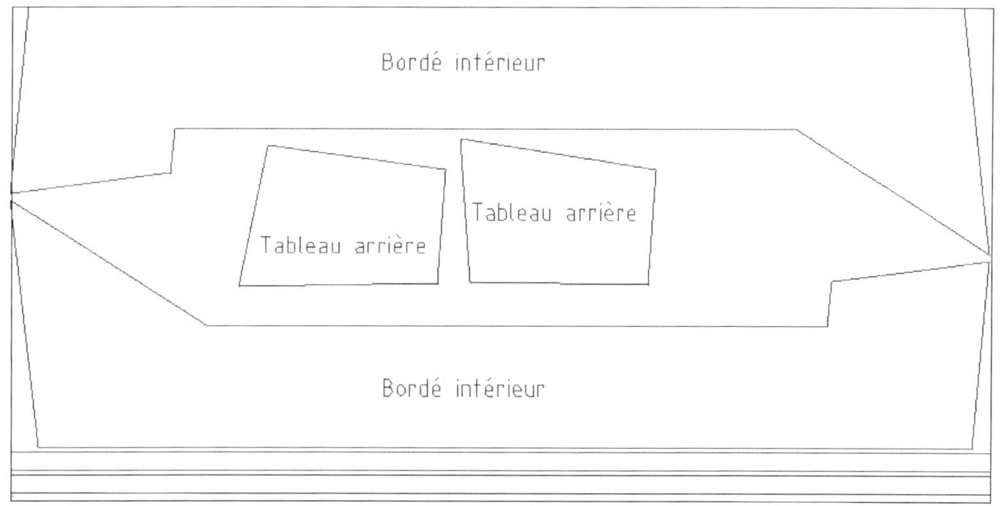

Contreplaqué ép 4 ou 5 mm

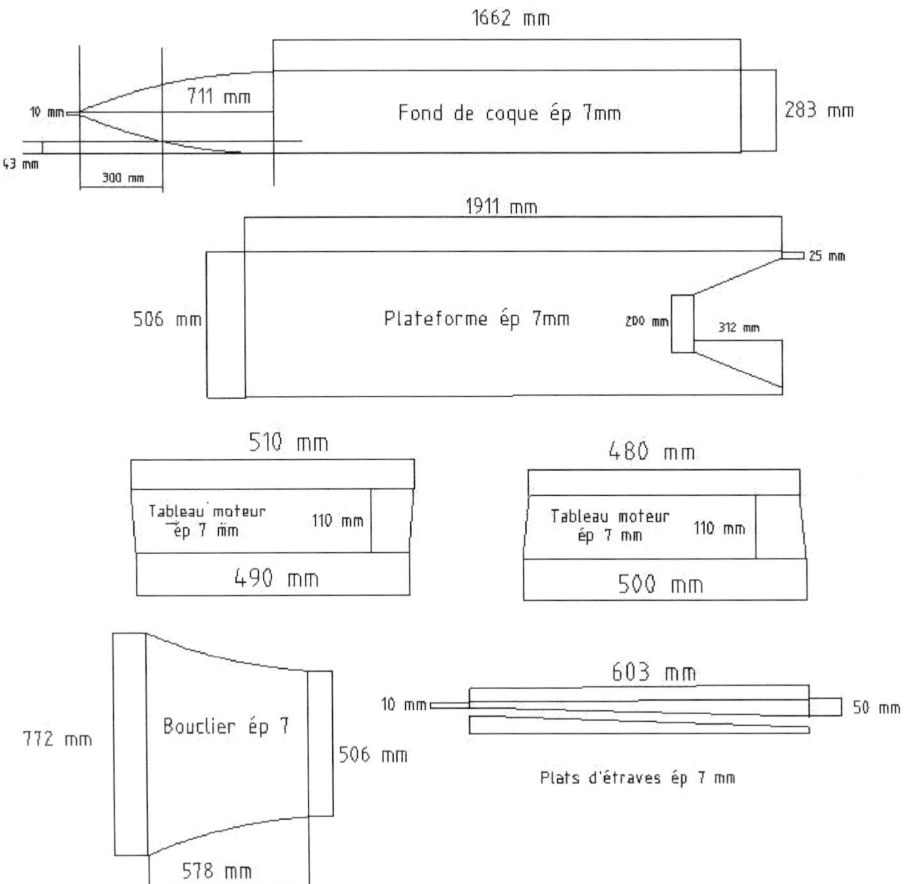

1662 mm
711 mm
10 mm
43 mm
300 mm
Fond de coque ép 7mm
283 mm
1911 mm
25 mm
506 mm
Plateforme ép 7mm
200 mm
312 mm
510 mm
Tableau moteur ép 7 mm
110 mm
490 mm
480 mm
Tableau moteur ép 7 mm
110 mm
500 mm
772 mm
Bouclier ép 7
506 mm
578 mm
603 mm
10 mm
50 mm
Plats d'étraves ép 7 mm

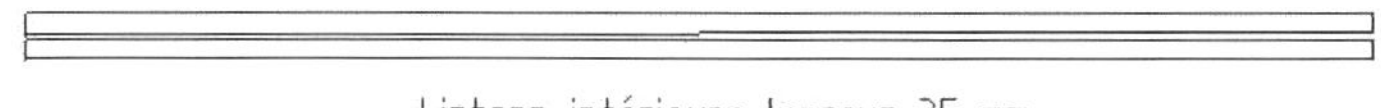

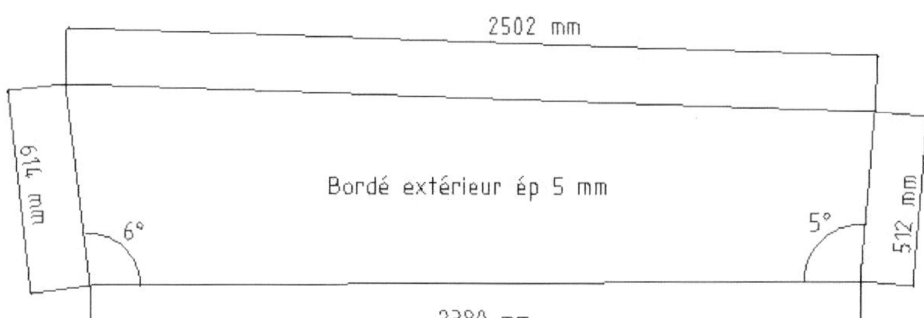

Détails d'assemblage

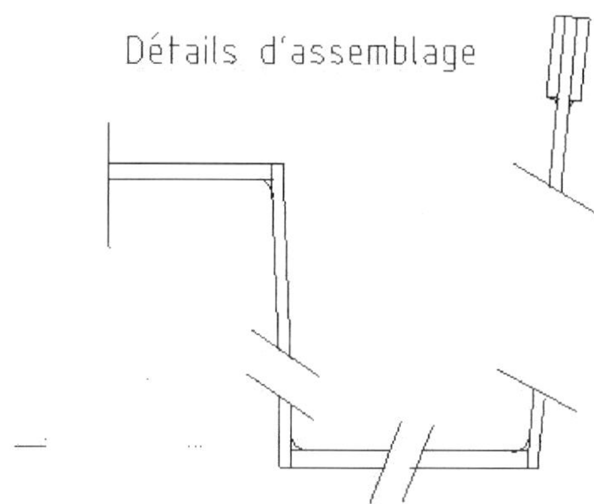

Listons extérieurs largeur 35 mm

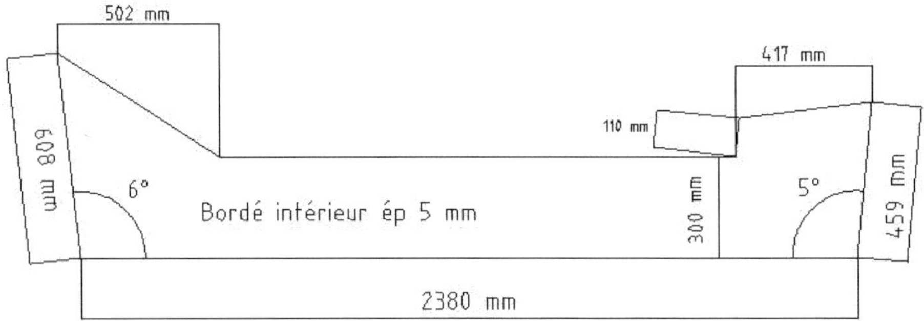

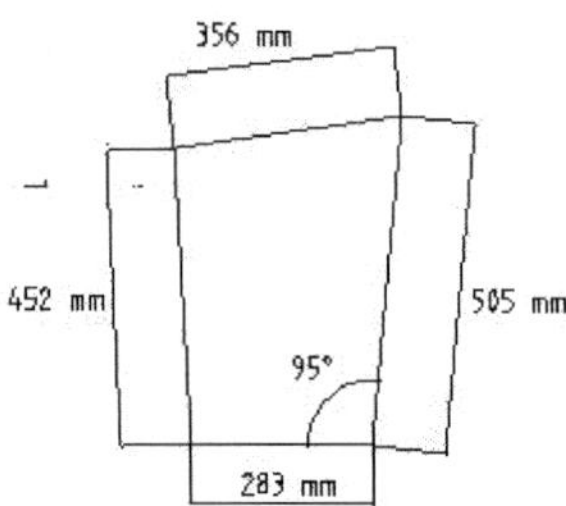

Tableau arrière ép 5 mm

Homologation

Nous n'avons fait aucune démarche dans ce sens. Dans les contrées où nous avons nos habitudes de navigation, ça ne pose pas de problème.
Cependant,
Il n'en est pas de même partout et il appartient à chacun de se mettre en règle avec la législation en vigueur dans son aire de navigation.
Je précise, cependant, qu'aucune sorte d'homologation n'est requise par les règlements européens pour les embarcations de longueur inférieure à 2m50.

Je commence par conseiller de rendre visite au site www.Sicomin.com, duquel sont tirés les quelques conseils ci-après, avec l'aimable autorisation de Philippe Marcovitch, son créateur.

Théorie du collage du bois à l'époxy

Il n'y a pas très longtemps encore, la seule théorie du collage que l'on admettait, reposait sur la pénétration de la colle dans les pores des matières à assembler. La réaction chimique du liant engendre son durcissement sous forme de tentacules qui, à la manière des doubles crampons, maintenaient les deux pièces en un contact intime et dont la résistance à l'arrachement pouvait être d'autant plus grande que la pénétration de la colle était profonde.
Tout ceci impliquait donc la porosité des matières et une colle suffisamment liquide et mouillante pour lui permettre, soit par simple capillarité, soit par pression, une pénétration dans toutes les anfractuosités ouvrant sur la surface des plans de collage.
Cette action adhésive était désignée sous le nom d'adhérence mécanique, et si elle est encore valable aujourd'hui pour certaines matières dont le bois, il n'est pas possible d'appliquer cette théorie aux collages de corps métalliques dont les surfaces sont lisses et imperméables à toute pénétration d'une colle.
On favorise donc l'adhérence mécanique par saturation des canaux du bois par la pression exercée sur la surface (lamellé collé), en employant la technique du vide et de l'autoclave. Dans la construction bois époxy, les pressions appliquées sont faibles: les pièces sont maintenues en contact pendant le durcissement.

La pénétration de la résine est fortement liée à la texture du bois et à sa densité, en bois de bout ou de fil. Les canaux et les parois des cellules du bois accepteront un volume d'autant plus grand d'adhésif, que l'humidité du bois sera faible. On considère que ce taux doit être inférieur à 12 %.

Conditions d'application des systèmes époxydes:

Les surfaces à coller doivent être propres et sèches et être maintenues dans cet état jusqu'à l'application de l'adhésif.

L'humidité diminue le mouillage de la surface par l'époxy (sauf formulation spécifique). En principe, un collage doit être différé en extérieur par mauvais temps: pluie, froid, forte humidité de l'air.

La qualité d'un collage dépend des conditions de travail suivantes:
- température
- humidité de l'air
- propreté du poste de travail
- conditionnements maintenus fermés, surtout pour le durcisseur qui réagit avec le CO_2 atmosphérique
- qualité du dosage et du mélange des composants
- adhésif adapté au support, charges adaptées à l'utilisation finale
- bonne adsorption et mouillage
- pas de contrainte pendant le processus de prise
- durée de prise, pression
- durée de vie en pot

Le joint congé, son rôle, ses utilisations

C'est la méthode d'assemblage la plus répandue dans la construction navale moderne. Un joint-congé est constitué d'un système chargé appliqué dans l'angle formé par deux panneaux à assembler. Cette méthode est idéale lorsqu'on assemble des pièces qui se rencontrent selon des angles différents: cloison sur le bordé, liaison intérieure coque-pont, sièges, coffres...

Le joint-congé est réalisé par l'incorporation au mélange résine-durcisseur de charges renforçantes et/ou allégeantes. On obtient ainsi des mélanges «haute densité» ou « basse densité».

Par son dimensionnement (rayon, nature, stratifié ou non), l'assemblage par joint-congé soumis à une contrainte doit casser hors du plan de collage.

Le choix du couple résine - durcisseur est fait en fonction du rayon du congé et de la nature de la charge: plus le rayon est important, plus le durcisseur doit être lent.
Les microsphères creuses augmentent l'exothermie dans la masse par leurs pouvoirs isolants

Procédure de mise en oeuvre :

Les parties à assembler sont ajustées et fixées provisoirement dans la configuration souhaitée (époxy durcissant en moins de 10 minutes SR 3' ou SR 10', clous, serre-joints, cales...).
Les surfaces destinées à recevoir le joint-congé sont dégraissées, poncées et dépoussiérées afin d'assurer une facilité . Imprégner au préalable le bois nu avec de la résine non chargée et appliquer le mastic sans attendre.
Enduire ou charger l'angle grossièrement avec le mélange résine / charges définies au moyen de spatule, un sac plastique à coin coupé ou une poche de pâtissier.
Mise en forme à l'aide de bâtonnet, dos de cuiller, spatule.à bout rond ayant le même rayon que le congé à réaliser.
La taille est aussi contrôlée par l'angle de l'outil de lissage employé.

Finition :

Dés le début de la polymérisation, enlever l'excédent de système chargé avec un outil tranchant (ciseau à bois, spatule). En exerçant une légère pression sur l'outil, on laisse une surface propre entre le congé et l'adhésif de masquage.
Oter les bandes d'adhésif avant la polymérisation de la résine.
Lorsque l'on recherchera des performances structurelles optimales, le joint-congé sera stratifié avec du tissu biaxial découpé en bandes plus larges que la surface du joint. On peut commencer à stratifier dès que le système commence à durcir. Cette solution permet de positionner le renfort en position verticale ou surplombante grâce au pouvoir collant (tack) de la résine en cours de polymérisation. Si cette opération est différée dans le temps, le joint-congé sera préalablement poncé et dépoussiéré avant la stratification.
Cette méthode est idéale du point de vue poids pour des joints basse densité à grand rayon.
31

Nature et fonction des charges

Il est primordial de bien mélanger la résine au durcisseur avant d'incorporer les charges.

Microsphères creuses allégeantes

Whitecell:
Copolymère thermoplastique blanc
Très basse densité apparente. Très basse densité des enduits de finition. Faible granulométrie.
Facilité d'application (onctuosité, homogénéité, lissabilité) et de ponçabilité.
Idéal pour les constructions hyper-légères, joint-congés très légers à stratifier.
Résistance chimique limitée au contact des solvants: Méthanol, Ethyl acétate, MEK, Acétone
Résistance thermique: 100°C en continu
Incorporation à la résine long et délicat (Volatile)
Microballons Phénoliques:
Microsphères creuses phénoliques de couleur brune
Mélange à la résine plus aisé que le Whitecell. Applications structurelles: mousses syntactiques, collages, joint-congés de couleur brune se confondant avec le bois. Facilité d'application (onctuosité, homogénéité, lissabilité) et de ponçabilité.
Maintenir les emballages hermétiquement clos
Glasscell:
Microsphères de verre creuse blanche
Facilité de mélange, d'application et de ponçabilité. Fonction de remplissage par augmentation du volume de résine applicable. Enduits: allègement avant stratification de mousses alvéolaires, finition avant mise en peinture. Utilisé pour le collage des bois tendres. Mousse syntactique ayant de bonnes valeurs en compression. Performances mécaniques et inertie chimique.
Fillite:
Microballons creux de silicate d'aluminium
Facilité de dispersion, bonne dureté et rigidité des moulages. Utilisée pour mastics grossiers, réagréage de surface, isolation thermique et phonique, volumes de remplissage.

Excellente résistance en compression. Hautes performances mécaniques et inertie chimique.

Charges formulées prêtes à l'emploi

Mix Fill 30:
Charge pour enduits à poncer
Charge formulée à base de microsphères pour fabrication d'enduit époxy de moyenne granulométrie facile à poncer.
Permet de gagner du temps lors des enduits de finition: une seule charge à incorporer, consistance reproductible. Economiquement très intéressant par rapport aux enduits époxydes chargés et prêts à l'emploi. Permet de rattraper des défauts de 3 cm de creux (spatules, longues règles).

Mix Fill 10 :
Charge pour enduit à poncer
Tendre, facilité de ponçage, granulométrie fine. Emploi avant les apprêts polyuréthannes.
Encrasse très peu les abrasifs, poussière non collante

Wood Fill 250:
Charge très polyvalente pour joint-congés et le collage du bois
Poudre beige devenant "couleur bois" après mélange avec la résine. S'utilise pour la réalisation de joint-congé "haute densité", le collage du bois… Excellentes propriétés mécaniques.

Wood Fill 130:
Charge pour joint-congés
Poudre blanche pour joint-congé de faible densité.

Microfibre de bois
Treecell:
Microfibre de bois (cellulose de bois pulvérisée) Poudre blanche pelucheuse. Utilisée avec les systèmes SR 5550 ou 8450 en tant qu'adjuvant structurel. Excellentes propriétés épaississantes et de remplissage des plans de collage du bois.
Pour les joint-congés haute densité, à combiner avec du Silicell pour améliorer le lissage et la thixotropie.

Remerciements

Je tiens à remercier chaleureusement toutes les personnes qui ont participé, de près bon plein, ou de loin en loin à l'élaboration de cette merveille de TenderCat

Beaucoup de gens sont concernés, mais, à mon âge, la mémoire, on sait ce que c'est… Aussi, je préfère ne citer personne, par prudence…

Que tous ceux qui se sentent concernés par ces remerciements soient assurés qu'ils le sont réellement et puis n'en parlons plus.

De la même manière, je tiens à rassurer tout de suite les personnes qui se seront lancées dans une construction et n'en auront tiré qu'amertume, déception et ruine de l'âme : ce n'est pas de ma faute.

Disons que les divinités de la construction nautique vous auront manqué de respect, ce qu'elles se plaisent à faire parfois…

Made in the USA
Monee, IL
07 July 2026

56544413R00017